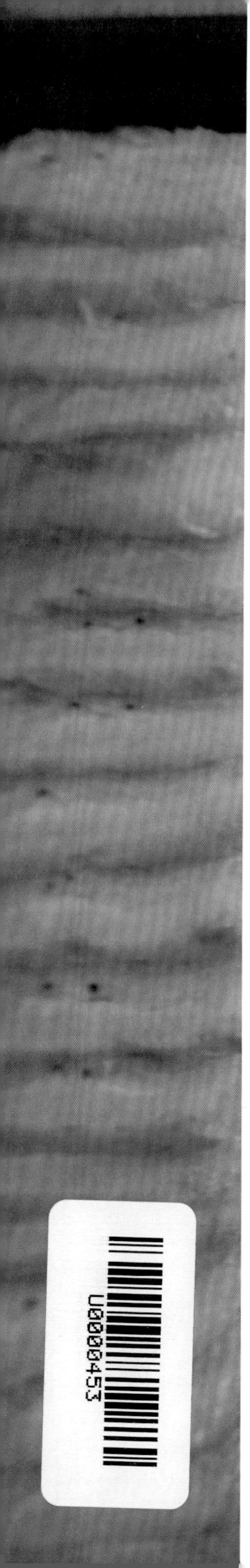

目次

2 我的早餐
中川千惠

4 特集
cimai的麵包
姊妹一起製作
堅持品質的好麵包
cimai的麵包
白吐司的作法
鄉村麵包的作法

16 器之履歷書⑪ 三谷龍二
不求人

18 喜歡的吃法
cimai 三浦有紀子
cimai 大久保真紀子
伊藤正子
久保百合子
公文美和
高橋良枝
坂田阿希子

32 讓麵包更好吃
坂田阿希子

38 桃居・廣瀨一郎 此刻的關注㉖
探訪 田村文宏的工作室

44 料理家細川亞衣的私房食譜㉑
熊本的日日料理

46 公文美和的攝影日記⑳ 美味日日

48 用台灣食材做美味料理⑤
海倫的獨創麵包

50 34號的生活隨筆⑱
融合的生活感

+ 用插畫描繪日日的生活⑨ 田所真理子

+ 我的玩偶剪貼簿⑯ 久保百合子
來自里昂的橘色小鳥

關於封面

cimai的採訪、拍攝時，
兩姊妹的手一刻也沒停下來，
同時也在做著要賣的麵包。
姊姊真紀子所做的是
香蕉豆漿麵包，
排在台子上、正準備要放入窯裡烤的麵包
可愛得讓人目不轉睛。
因此公文美和就以那麵包為模特兒
拍下了這一期的封面。
是非常上相的麵包呢！

我的早餐

文─中川千惠　翻譯─王淑儀

最近這幾年我的早餐一直都是麵包與咖啡的組合，有時偶爾會加上水果、優格或一碗湯，但基本上就只有麵包與咖啡。

連我都問過自己每天每天吃一樣的東西難道不會膩嗎？然而由於麵包的種類我一直都沒有特定非得是哪一種，有時是軟綿綿的吐司，有時則是加了水果乾或堅果類，口感豐富的天然酵母麵包，有時會換成光澤動人、圓潤飽滿的貝果，或是酥脆的層次之中帶有嚼勁的牛角麵包……，有這麼多不同種類的麵包可以選擇實在是樂趣無窮，至今從未有一絲厭煩的感覺。

早餐的桌上有個小碟子，盛著以烤箱熱過的麵包、一杯剛煮好的咖啡、奶油盒以及排列著好幾瓶色彩繽紛的果醬，有了這樣的風景，即使早餐只是麵包配咖啡，一點也不覺得無趣，而這理所當然每天會有的日常風景，對我來說是剛剛好。與其說是剛好，不如說可以這樣理所當然重複的事情，沒來由地令我感到安心，這樣說雖然有點誇張，但這就是我的小確幸吧！

Cimai的麵包也是我的早餐中常見的主角。在麵糰裡加入黑糖一起揉製的「黑糖核桃麵包」、簡樸的吐司「carre blanc」、也可以當點心來吃的「quick pão」或是散發著濃濃麵粉香氣、使用天然酵母的司康等等，都是我的最愛。這些在我的店裡一個月也販售兩次，我雖然想說「如果賣剩的話就自己當早餐吃……」，但是每次到了傍晚就大致都賣完了，非常受歡迎。

與cimai的兩位姊妹是何時認識的呢？我想應該是我們兩邊都還沒開店的更久以前，大約也有十年了吧！她們兩姊妹做的麵包一開始也是在朋友舉辦的市集活動上販售，因為廣受好評，漸漸地在很多地方都開始販賣，大約是在這個時候認識她們的吧！有一天，妹妹有紀子跟我聯絡，說：「今後想更認真地做麵包，所以買了業務用的烤箱。」於是我就去她們家玩。那時我想她口中所謂的業務用烤箱，應該就只是比家用烤箱大一點，頂多大兩倍吧，所以聽她這麼講的時候也只想說「哦，這樣啊」，結果一到她們家的工作間，看到一大座烤箱「咚」地坐鎮家中，我著實嚇了一大跳，還記得那時的我除了笑之外，什麼其他的話都說不出來。另一方面，沒有一件事情在行的我也想過「我能夠幫上她們什麼忙嗎？」那時的有紀子應該已經在心中盤算要開店的事情了吧！這台業務用的大烤箱在她們的店開張之際成了重要的支柱，在店的內部支持著真紀子、有紀子兩人。

而我自己，是在意外的情況下開了店，卻也自然而然地賣起了自己覺得很好吃的cimai的麵包。在自己的店裡賣著自己認同的器皿、雜貨，同時也賣著自己喜歡吃的麵包，我想這件事情應該讓很多人感到不可思議，也常被人家問起「請問這到底是一家賣什麼的店呢？」這麼說來，好像也有不少人以為這裡是家麵包店。每當被人問起這是間什麼樣的店，我總是回答：「販賣器皿與生活道具的店」，但其實那時我心裡想的是，這是間什麼店，由客人自己決定也可以喲。也有人認為這裡是間一個月只買得到兩次麵包的麵包店，我覺得只要對客人來說，這是值得期待的事，就足以讓我感到欣喜。不論是好吃的東西還是可愛的東西，只要能夠與客人共享這樣的感受就已足夠。

每次請Ciami送來的麵包不論種類或是數量都交由她們選配，常常可以見到當令的麵包在其中，比方說到了夏天，玉米變得又甜又好吃的時候，就會出現「玉米麵包」；在寒風吹來臉上肌膚感到刺痛時，就會有加了巧克力或是水果乾的甜麵包；靠近耶誕節時分，則會有德式耶誕麵包（Stollen）的出現。即使如此，每次開箱時看到那些固定會出現的幾種麵包也總是讓我感到安心。這些麵包我常常吃，也很熟悉它們的味道，但每次吃還是覺得很美味。讓我能夠感到如此理所當然的兩姊妹，一定每天都在失敗中不斷修正、進步。為了將美味化為日常當中的理所當然送到人們的手中，她們每天都在努力精進中。

特集

cimai的麵包

「cimai」這個兩姊妹的組合，
姊姊製作天然酵母的麵包，妹妹則使用人工酵母做麵包。
她們的麵包極受歡迎，在各大活動中經常迅速銷售一空。
精心製作的手工麵包，美味令人一旦嚐過就難以忘懷。
種類豐富，而且各具特色。
這次請她們製作的代表性作品，分別是天然酵母的鄉村麵包，
以及人工酵母的白吐司。

文—高橋良枝　攝影—公文美和　翻譯—葉韋利

姊妹一起製作 堅持品質的好麵包

在埼玉縣幸手市，沒什麼特色的街道上，
面對一排行道樹，有間叫「cimai」的店鋪。
方方正正的白色建築物，一推開門，
就是一股撲鼻而來的麵包香，
以及眼前的古董家具。
一處美好舒適的空間。

右邊是妹妹有紀子，左邊是姊姊真紀子。

初春的某一天，我在隅田川附近的「in-kyo」遇見「cimai」的麵包。「in-kyo」的店主中川千惠說：「這對姊妹做的麵包非常好吃喔！」我一聽就買了吐司，真的很棒。柔軟的麵包散發出麵粉的原味以及淡淡的酵母芳香。後來我才知道，「cimai」也是個在各大活動中商品迅速銷售一空的當紅組合。因為兩人是親姊妹，因此無論是團體名稱或店名都叫做「cimai」（譯註：cimai的發音與日文的「姊妹」近似）。

2008年7月，她們在幸手市開了這家店。

「因為我還要帶小孩，盡可能想挑在自家附近。尋找中意的地點時，碰巧發現這棟建築物。」

有紀子找到的是一棟老舊建築，之前開的是肉鋪。聽說她們自己粉刷，花了很多工夫，但這個美好的空間的確充滿兩人的品味與巧思。

姊姊專做天然酵母麵包，妹妹則使用人工酵母，這樣的分工也很特別。我問她們為什麼要這樣分。

「姊姊以前在Levian這家店，他們用的就是天然酵母，而我是在其他麵包店，用人工酵母做麵包。」

每天人工酵母麵包的出爐時間是中午12點，天然酵母麵包的出爐時間則是下午3點。出爐時間一到，就會有開車或騎自行車的顧客陸續上門。大概一個小時，店內的麵包架上又變得空蕩蕩。

姊妹倆的個性似乎南轅北轍。動作迅速俐落，在攝影時協助安排好各項事宜的是妹妹有紀子；姊姊真紀子則看似穩重，一心一意專注做麵包。個性上有落差的兩人，喜好的感覺卻一樣，那就是堅持製作講究的好麵包。

cimai

由一棟屋齡40年左右的老房子改建。據說外牆都是由姊妹倆自己粉刷。
埼玉縣幸手市幸手2058-1-2
☎ +81-480-44-2576
不定期公休
營業時間
12：00～18：00左右

店內設置「HANG cafe」的桌椅。也可購買。

在陳設古董家具及桌子的店內。桌上放滿了剛出爐的麵包。

桌子前方的玻璃擋板是向造形藝術家小林寬樹特別訂製。

各種不同特色麵包，擺設也充滿品味。

採訪當天的午餐是cimai的麵包跟鹹派。搭配在小貨卡流動咖啡攤購買的冰咖啡拿鐵。

cimai的麵包

白吐司

適合作烤吐司的簡單吐司。法文叫做「Carré blanc」，「Carré」的意思是四四方方，「blanc」則是白色。

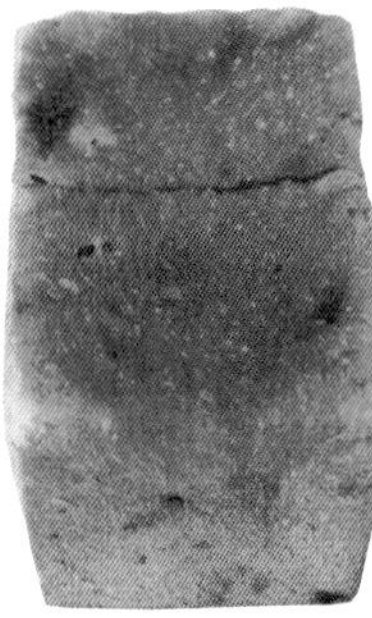

葡萄乾吐司

在湯種麵團中加入葡萄乾。適合搭配卡門貝爾乳酪（Camembert Cheese），散發淡淡甜味。

糙米吐司

使用無農藥栽培的糙米製作的湯種麵團揉製，吃得到顆粒的吐司。

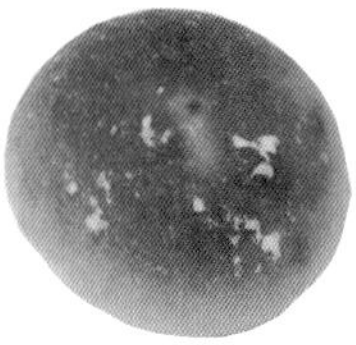

紅豆麵包

內餡是不太甜的紅豆泥。使用產自北海道的紅豆，紅豆餡也是自家製作。

水果麵包

在鄉村麵包的麵團中加入大量葡萄乾、無花果、橘皮等果乾。

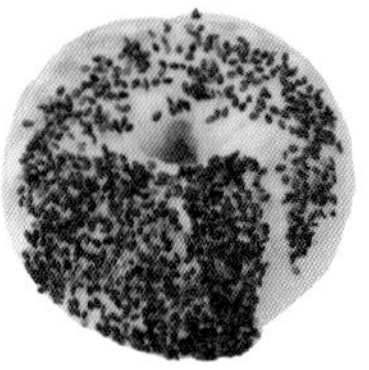

和

在湯種麵團裡揉進白飯的日式麵包。氽燙後沾上黑芝麻、鹽再烤。

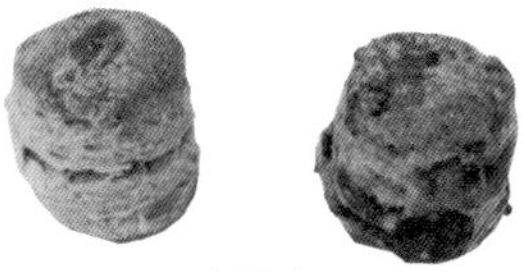

司康

（楓糖杏仁、焦糖堅果）

天然酵母製作的司康。有楓糖中加入杏仁，以及拌入焦蔗糖的堅果，兩種口味。

核桃麵包（小）

在鄉村麵包的麵團中加入烤核桃，香氣豐富。也有大的。

速成麵包

（奶油乳酪與黑胡椒、可可亞巧克力、抹茶與豆子）

口感介於司康與軟餅乾之間，裡頭質地紮實。

黑糖核桃

加入裹著黑焦糖的核桃，以及未精製糯米製作的天然酵母麵包。

豆漿香蕉麵包

加入豆漿和烤香蕉的天然酵母麵包。上方還鋪滿香蕉切片。

鹹派

在使用全麥麵粉的麵糊中，加入蔬菜跟濃郁的蛋液。在店內吃的話可以加熱。

＊湯種麵團……使用在麵粉裡加入熱水跟少量鹽的「湯種」所做的人工酵母麵團，烤好後吃起來很有韌性。

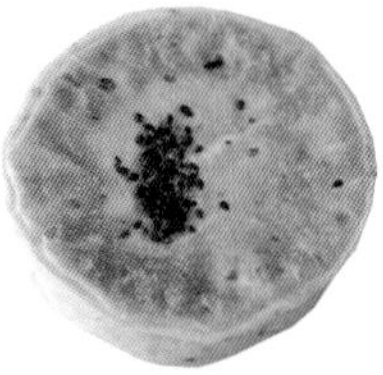

糙米馬芬

享受顆粒口感，味道不甜的馬芬。揉入無農藥栽培的糙米。

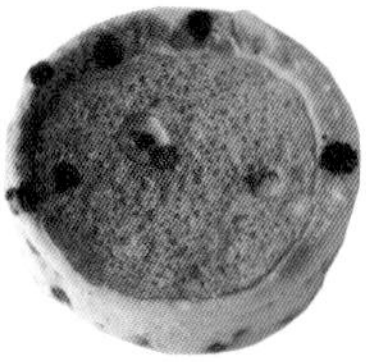

巧克力馬芬

加入有機苦巧克力，帶著微苦的甜味馬芬。使用的是湯種麵團。

葡萄乾馬芬

加入水果酒漬葡萄乾，散發淡淡甜味的馬芬。使用的是湯種麵團。

蜂蜜堅果派

使用全麥麵粉，包有蜂蜜、楓糖、核桃、核桃的派。

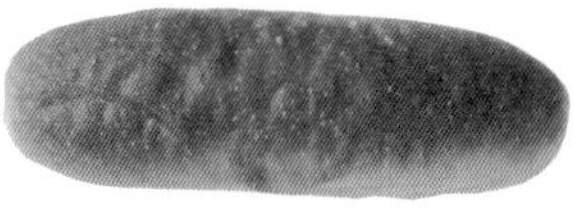

熱狗麵包

帶有嚼勁的長形麵包。烤過之後口感更輕盈。

可頌

加入全麥麵粉的天然酵母可頌。用手工塑形。

蔓越莓巧克力

在使用黑麥及全麥麵粉的麵團中，加入蔓越莓及苦巧克力。

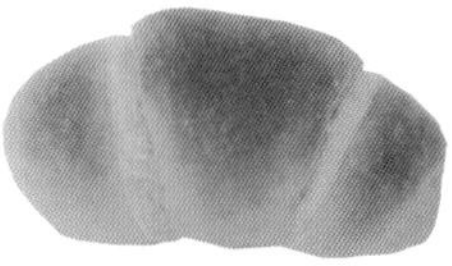

奶油捲

使用湯種麵團的紮實奶油捲。口味清爽適合搭配餐點。

無花果麵包

加入大顆白無花果與核桃的黑麥麵包。使用全麥麵粉跟黑麥的兩種酵母。

棍子麵包

使用法國產與日本國產麵粉。經過長時間發酵，讓麵粉慢慢釋放出芳香美味。

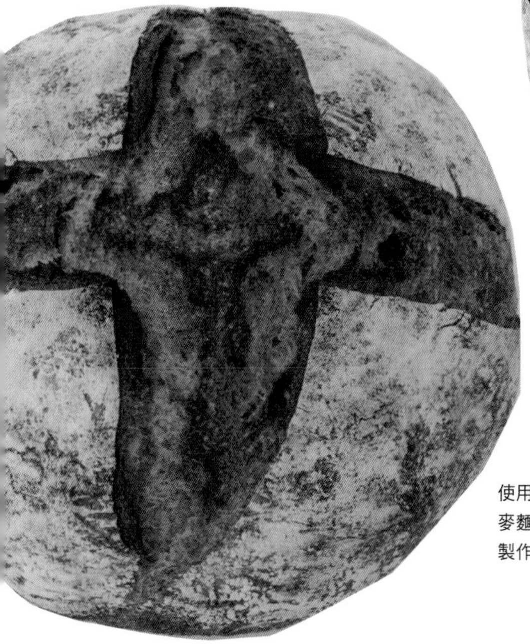

鄉村麵包

使用自製天然酵母與全麥麵粉、日本國產麵粉製作的鄉村麵包。

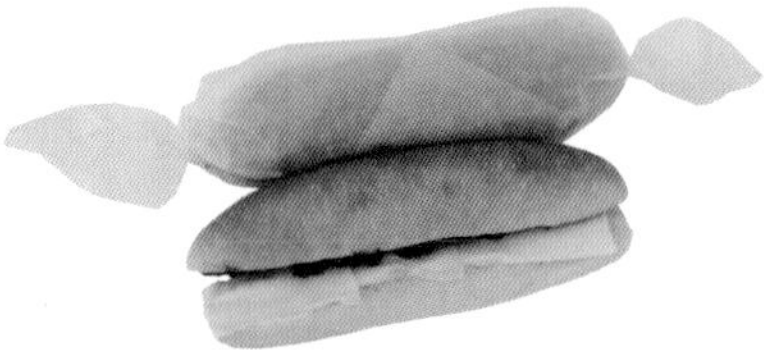

紅豆奶油

自製紅豆泥跟切片奶油一起夾入長形麵包裡。

黑醋栗&核桃

在使用黑麥與全麥麵粉的麵團中加入用紅酒漬過的黑醋栗與香烤核桃。

白吐司的作法

製作前的準備。夏天要先準備15℃左右的冷水，冬天則是30℃左右的溫水（這裡的作法以夏季為準）。另外要準備一只高度約為麵團兩倍，且寬度不寬的大盆；還有發酵時用的塑膠箱（或大塑膠袋）。模型內側先抹點沙拉油。

材料

（14×10×10cm加蓋吐司模型1條份）
高筋麵粉…200g　快速酵母…1.6g
鹽…3.6g　砂糖…8g　鮮奶…40g　水…112g
奶油…12g　高筋麵粉（手粉）…適量

1　除了水和奶油之外的其他材料全部加進大盆裡拌勻。酵母跟鹽要分開，不然會降低發酵力。水先加入三分之二，攪拌後慢慢加入剩下的水調整，讓麵團揉到比耳垂再柔軟一些。

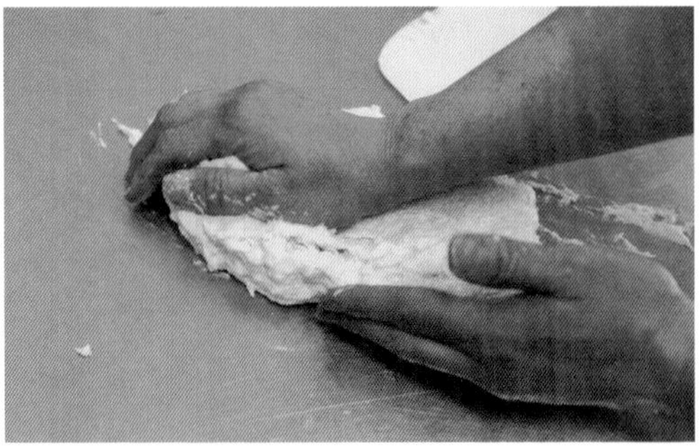

2　麵團拌勻後倒到調理台上，邊揉邊輕敲。因為麵團比較軟，不太好揉，要用刮刀將沾在台子或手上的麵團刮下來，慢慢揉勻。

3　麵團揉到有光澤且出筋之後，用手剝開放置回升到常溫的奶油，分成幾次加入麵團裡。一開始不太好揉，但麵團跟奶油邊揉會慢慢融合。

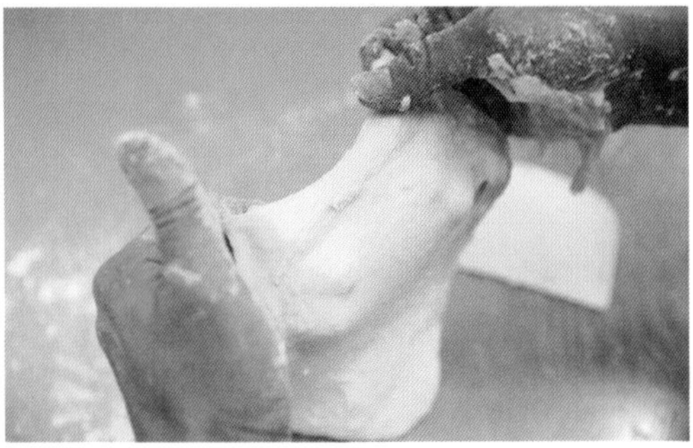

4　繼續揉到麵團變得平滑，表面出現光澤後，檢查麵筋的強度。經過充分拌揉的麵團，會像照片一樣，雖然能拉得薄到透光，卻不會斷掉。

5　把麵團重新揉成表面平整的圓形。將收口朝下，放進大盆裡，跟裝有溫水的大盆一起放進塑膠箱。調整塑膠箱裡的溫度為28～30℃，溼度為78%左右，靜置1個小時到1.5小時。

6 等到麵團膨脹成兩倍大，就將麵團從上下左右往中央折疊，擠出多餘的空氣。將收口朝下方，再放進大盆裡，放回塑膠箱中，保持跟⑤相同的溫度、溼度，繼續靜置30分鐘。

7 麵團再次膨脹後，第一次發酵結束。將麵團分成兩份，重新搓成表面平滑的圓形，將收口朝下方，排放在盤子上，放回塑膠箱中，保持跟⑤相同的溫度、溼度，醒麵約20分鐘。

8 將麵團取出放在調理台上，撒點麵粉讓麵團不會黏住。用擀麵棍從麵團中央往前、往後擀平，再擠出多餘的空氣。將擀成細長狀的麵團翻面，從外側朝著自己的方向慢慢捲緊。

9 將收口朝下方，平均放進模型內，從上方輕輕按一下填滿空隙。把模型放回塑膠盒裡，保持跟⑤相同的溫度、溼度，靜置1小時。在最後一次發酵的30分鐘前，先將烤箱以230℃預熱。烤盤直接放在烤箱裡。

10 麵團膨脹1.5倍後，最後一次發酵就結束了。模型蓋上蓋子，放進烤箱。如果沒有蓋子，就用噴霧器先在表面上噴大量的水再放進烤箱。動作要快，別讓烤箱內的溫度下降。

11 放在烤箱的中層，以220℃烤25～30分鐘。烤好之後掀開蓋子，將整個模型放在調理台上用力重敲兩、三次，以免吐司從中間斷裂。敲擊後再將吐司從模型裡取出，放在通風良好的地方散熱降溫。

鄉村麵包的作法

製作前的準備。夏天要先準備15℃左右的冷水，冬天則是30℃左右的溫水（這裡的作法以夏季為準）。另外要準備一只高度約為麵團兩倍，且寬度不寬的大盆；還有發酵時用的塑膠箱（或大塑膠袋）。

材料　中筋麵粉…190g　全麥麵粉…60g　天然酵母…90g
鹽…5g　水…150g　高筋麵粉（手粉）…適量
這裡使用自製的天然酵母。如果要用市售的乾酵母，使用分量就依照產品的標示。

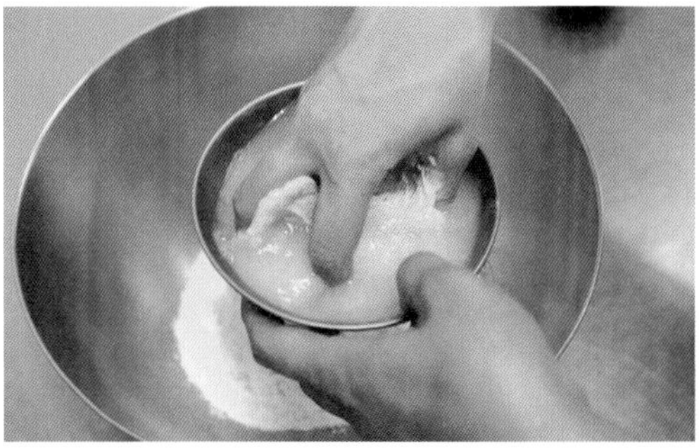

1 將中筋麵粉、全麥麵粉、鹽放進大盆裡，攪拌均勻。在標示分量的水中先加入天然酵母，用手攪拌到溶解後再倒進大盆中。留意酵母不要直接接觸到鹽，以免降低發酵力。

2 用手將材料攪拌均勻。一開始會覺得粉粉的，但材料會慢慢融合在一起。有些全麥麵粉的種類比較會吸水，需要的話再加點水調整，讓麵團揉到比耳垂再柔軟一些。

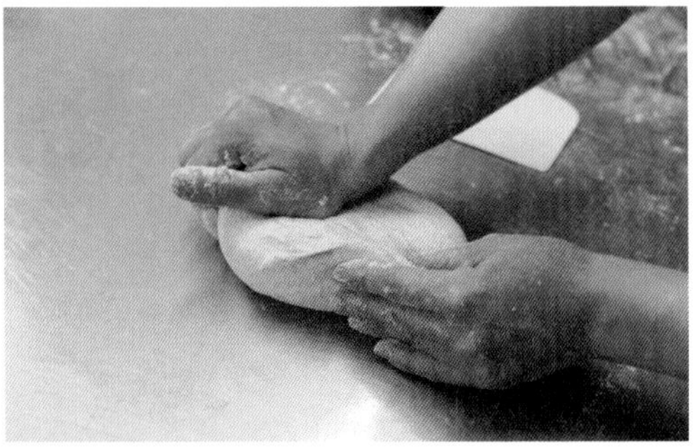

3 揉成一整團之後放到調理台上，用全身的重量來揉。留意不要拉扯太用力讓麵團斷筋。用刮刀將沾在台子或手上的麵團刮下來，慢慢揉勻。

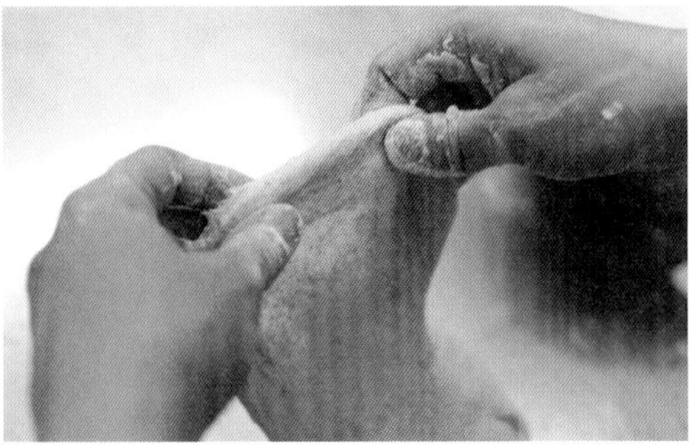

4 繼續揉到麵團變得平滑，表面出現光澤後，檢查麵筋的強度。經過充分拌揉的麵團，會像照片一樣，雖然能拉得薄到透光，卻不會斷掉。

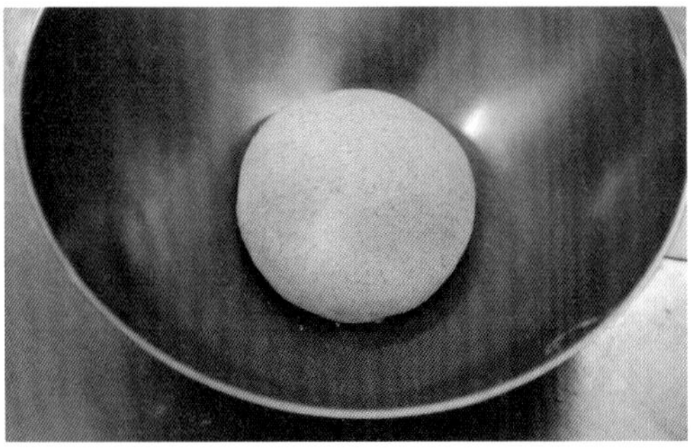

5 把麵團重新揉成表面平整的圓形。將收口朝下，放進大盆裡，跟裝有溫水的大盆一起放進塑膠箱。調整塑膠箱裡的溫度為28～30℃，溼度為78%左右，靜置1個小時到1.5小時。

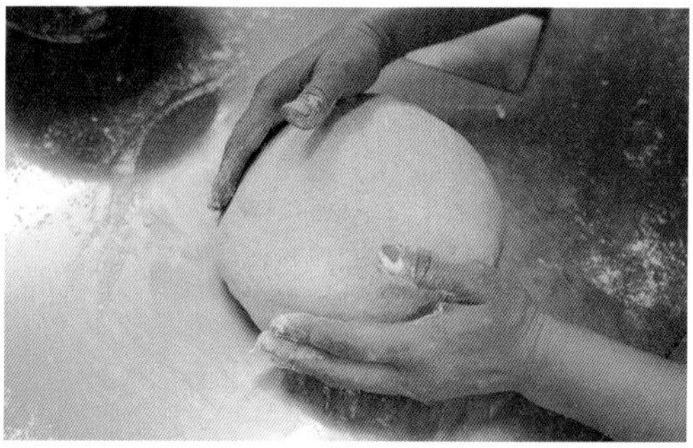

6 等到麵團膨脹成1.5倍大，第一次發酵結束。將麵團取出放在調理台上，輕輕擠出空氣，重新搓成表面平滑的圓形。放進大盆裡，再放回塑膠箱中，保持溫度為28～30℃，溼度為78%左右，靜置約20分鐘。

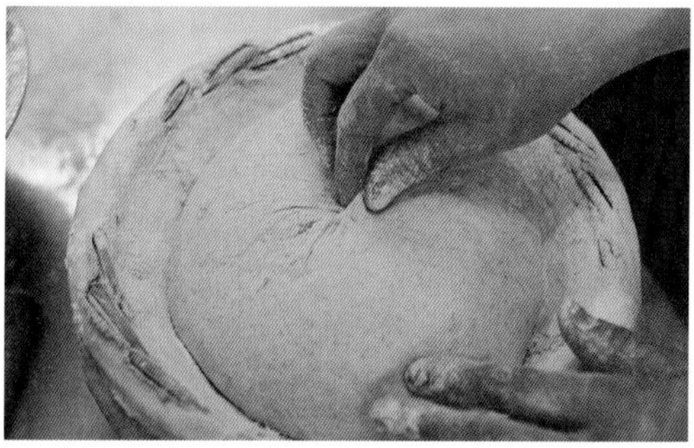

7 將麵團取出放在調理台上，重新搓成表面平滑的圓形，將收口朝下方，放進撒了麵粉的義式圓麵包模型（也可以放在鋪了棉布的篩子上）裡。再放回塑膠箱中，保持跟⑥相同的溫度、溼度，靜置2～2.5小時。

8 在最後一次發酵的30分鐘前，先將烤箱以240℃預熱。烤盤直接放在烤箱裡。等到麵團膨脹到1.5～2倍大時，最後一次發酵就結束了。在麵團表面（收口處）撒點麵粉。

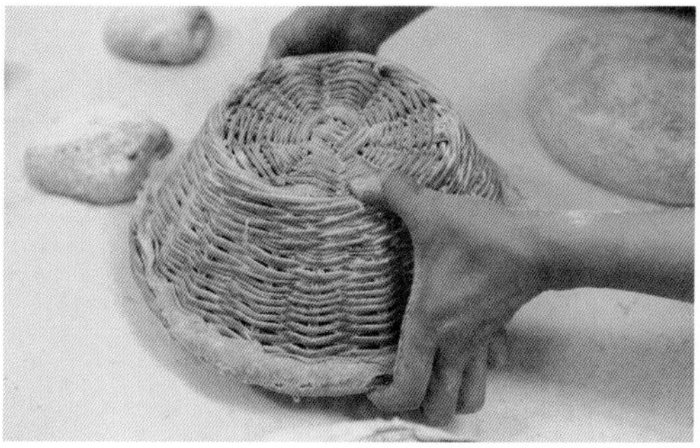

9 用雙手扶好麵團，將圓麵包模型倒置，輕輕取出麵團。將收口朝下方，放在烘焙紙上。動作要輕柔，別壓到膨脹的麵團。用濾茶網在麵團表面撒滿麵粉。

10 用刀子在麵團上劃個大大的十字，用噴霧器先在表面上噴大量的水。將烤熱的烤盤從烤箱裡取出，把麵團連同烘焙紙一起放上去後，再放進烤箱。動作要快，別讓烤箱內的溫度下降。

11 放在烤箱的中層，以230℃烤20分鐘，如果還沒烤出顏色，就再烤5分鐘。如果已經稍微烤出顏色，就將麵包轉個方向再烤10～20分鐘，以免烤色不均勻。烤好之後放在通風良好的地方降溫。

器之履歷書⑪

三谷龍二（木工設計師）

不求人

文・攝影—三谷龍二　翻譯—王淑儀

材質↓山櫻木　塗裝↓上油

毛線披肩與不求人。這兩項東西在冬天一直都會放在伸手可及之處。

每年一到冬天，後背總沒來由地發癢。一開始還能忍，但止不住的癢逼得我拿起放眼可及的棒狀物體如長尺、雞毛撣子的握把等，一把就往衣領後頭插進去抓呀抓地，這才呼地鬆了口氣。

背癢的問題終於得到解救，然而卻殘留著些許的不滿足。嗯，拿尺來搔癢，總令人覺得不夠。畢竟還是有人可以幫忙抓癢時的爽快感是完全不能比的。「啊！對，這裡，就是這裡，好舒服啊」。就算沒有人可以借隻手來抓癢，那就找支不求人來用用吧。「對啊，買一支回來用用吧」於是上街去找。

我跑了車站前或溫泉街的禮品店、超市的日用品賣場，不管哪裡賣的都是附有綠色或藍色彈力按摩球或是竹製品，而且另一頭一定都要做成手的形狀，雖說這東西叫做「孫之手」（日文），但我覺得未必就得要雕出手的形狀來吧。

松本這裡本來就是生產木頭製品的產地，自古以來便有很多製作木製品的工匠，我也曾經參訪過生產木工藝品的工廠，然而這些工匠的收入都是以件計費，工資微薄，同樣的得大量生產，做到手都粗糙乾裂，看到他們做的不求人，無論如何都會殘留著急忙生產的感覺，讓我難以忽視。

「所以自己想要的不求人還是得自己做吧。」我坐在椅子上摩蹉著背上的癢處時，心想。

市面上所見的不求人之所以都要做成手的形狀，是因為雙關語的關係吧。但我只是想要一支可以幫忙抓抓背上癢處的工具，名字取做「抓癢棒」就夠了。

我思考著完全強調機能性，只要可以解背上之癢的最小限度之設計，以電動削輪削出整體的形狀，之後再以手工仔細打磨。因為圓棒狀在放置時容易滾來滾去，因此將斷面做成了稍微偏橢圓的形狀，最重要的頭頂部分也做成半月形，整體要呈現橢圓形需要花費較多的工夫，然而多下了點工，成品握在手中的感覺完全不同，且第一眼的印象也更柔和舒服。生活用品最重要的就是手感、美感與用起來舒服又順手。

完成後，乍見之下不知這支棒子是做什麼用的。我覺得這樣很好，對於一個偶爾才使用的道具，不該強力主張著「我是不求人，我在這裡」。我將它放在家中，有天藝廊的人來訪，看到它問說「這是什麼？」，我答說是不求人，對方立即拿著它朝衣領伸裡去，試抓了背，激動地說「這個好耶！」，接著又提出要求「這次的展也將這把不求人拿出來展吧」。我原本只是做來自己用，沒想到有人這樣欣賞，令我心花怒放，於是那次的展覽也展出了這把不求人，然而這項全新的作品不知為何幾乎沒有人表示興趣。一開始我以為原因是「它看起來只是一根棒子？」但似乎也不只是如此，隨著展出的時間拉長，我大約明白它不受歡迎的緣由了。

展覽的第二天傍晚，終於有位年長的男性客人買了一把，之後又有人買了一把，雖然是位婦人，但一問之下是要買給她先生用的，此時我才終於發現，到了冬天會感到背癢的大多是五十歲以上的男性，一如日文稱為「孫之手」，年輕人幾乎沒有背癢的困擾，所以根本沒有需求，連看都不看一眼，至此我才終於恍然大悟。

我一直都是因為有需要而製作生產，但偶爾也是會有這樣的失敗經驗，真是一次很好的教訓。

Carré Blanc

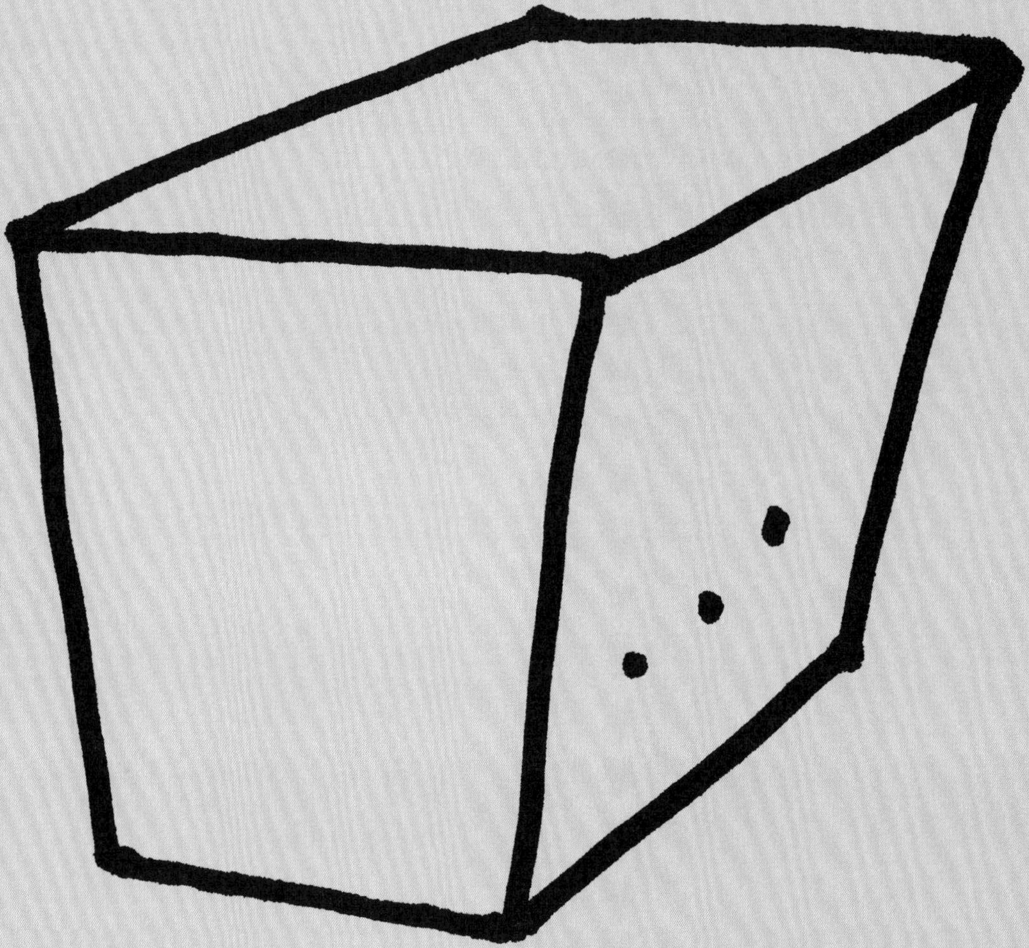

喜歡的吃法

吐司跟鄉村麵包，雖然都是麵包，在味道、口感還有香氣上都大不相同。
每個人習慣的吃法想必也不一樣。
除了做麵包的「cimai」姊妹倆，還請到伊藤正子、料理家坂田阿希子、
攝影家公文美和、造型師久保百合子等人，
為大家介紹他們喜歡怎麼吃cimai的麵包。

攝影—日置武晴（p22、23） 公文美和（p20、21、24～29）廣瀨貴子（p30、31） 插圖—久保百合子 圖—葉韋利

Campagne

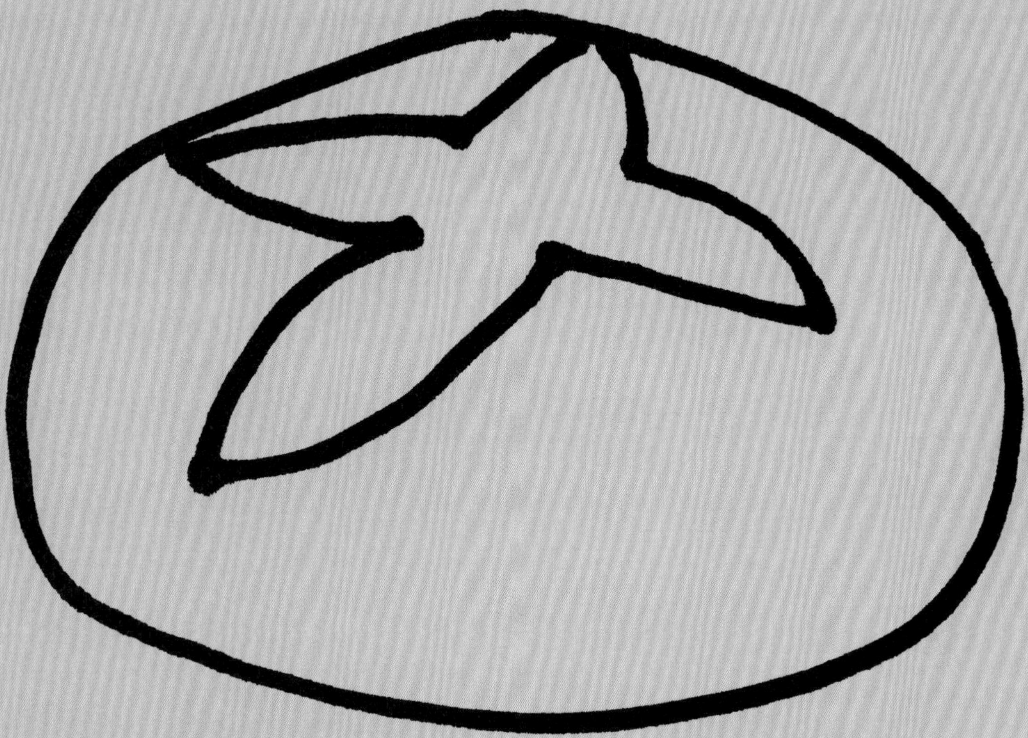

cimai 三浦有紀子

在厚片烤吐司上放一片冰冰的奶油

吐司，從小我喜歡的吃法就是切成厚片的烤吐司。表面要烤得焦脆，裡頭保持鬆軟有彈性，這就是我最喜歡的烤法。

我曾經塗果醬、塗乳瑪琳，或是鋪上厚厚的乳酪再去烤，嘗試過各式各樣的吃法。

最後覺得最棒的，就是將厚片吐司烤到焦脆，再放上一片冰冰的奶油。快吃完時奶油逐漸融化，搭配起來也很好吃。

我想用好吃的吐司麵包來做烤吐司，於是製作了「Carré blanc」。烤過後麵包邊的口感變得紮實，中間則溼潤有嚼勁，不會覺得質地太輕沒份量。

這款麵包比其他店家的吐司使用的模型稍微小一點，切成厚片也剛好大小適中。

cimai 大久保真紀子

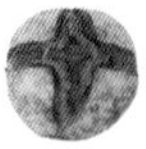

鋪上奶油、水果再淋上大量蜂蜜

我最喜歡把鄉村麵包切成薄片，然後鋪上奶油、水果，再淋上蜂蜜吃。

這種吃法中使用的水果，最好用已經成熟的，壓碎後鋪在麵包上，再淋上大量蜂蜜。

鄉村麵包要是變得有點硬，可以在麵包切面上輕輕沾點水，或是用噴霧器噴溼，放進預熱過的烤箱稍微烤過。另外，我也喜歡拿著變硬的麵包切面淋上大量楓糖漿，或是加點奶油來吃。

用新鮮蔬菜加卡門貝爾乳酪做成三明治也不錯，或者鋪上融化乳酪跟粗磨胡椒後烤熱，也是另一種很受歡迎的鹹點吃法。

我好愛可以兼作甜點跟主食的鄉村麵包。

伊藤正子

肉桂糖的甜美
讓我活力百倍

我覺得麵包簡單吃最棒，所以我多半單吃，或是沾橄欖油。至於為什麼喜歡簡單吃，原因是「想品嘗麵包的原味」。每嚼一口都能體會到麵粉的味道，我喜歡這種口味有深度的麵包。

早餐的話，我會撒點肉桂糖，或是做成法式吐司，稍微來點變化。總覺得吃點甜的可以讓整天充滿活力……。還要厚厚地塗上我喜歡的奶油，像是艾許（Échiré）奶油或是可爾必斯（Calpis）奶油。

我習慣用煎盤烤吐司。雖然偶爾也會用烤網，但最近幾乎都用煎盤。看到吐司上清晰的一道道烤痕感覺心情真好，更重要的是看起來很可口吧？

手工果醬搭麵包
我喜歡這副景象

利用初春到初夏這段時間，做好了一年份的果醬，在早餐時間亮相。

我做的果醬其實送禮的多，留著自己吃的少，但像這樣一字排開，眼前色彩繽紛就很開心。杏桃、大黃，還有混了幾種紅色果實的……。

「究竟要搭哪一種呢？」在猶豫不決之中，享受著麵包與果醬的搭配。

我想，麵包是我的餐桌上不可或缺的一品。不單只是用來填飽肚子，或許因為我喜歡看到餐桌上有麵包的畫面吧。今天的麵包要烤出什麼樣的烤痕？放在哪一只碟子上？我認為麵包這種食物，隨時刺激著我身為造型師的靈魂。

久保百合子

鮪魚鯷魚三明治

第一次在西班牙巴塞隆納吃到時讓我大為震撼的，是名叫primavera（西班牙文的意思是「春天」）的三明治。到高第設計的大公園玩時，在一家賣午餐的老字號小酒館吃到的。

店內就像壽司店一樣，放著一排裝食材的小盒子，老闆隨手抓起鮪魚、鯷魚、黑橄欖片等食材，迅速俐落夾進少說有30公分長的棍子麵包，就是一份豪邁爽快的三明治。因為實在太好吃，那次之後，鮪魚跟鯷魚成了我每次必買的土產。

我家裡未必隨時有黑橄欖，所以用了陽台上種的蒔蘿夾進三明治。如果要用正方形的白吐司來做，我喜歡烤了之後吃。

巴塞隆納出名的番茄麵包

這幾年來我會到巴塞隆納看足球賽。到了當地的小酒館或餐廳時，絕大多數的菜單上都會有「pan con tomate」（番茄麵包）。據說這是包含巴塞隆納在內的加泰隆尼亞地區特殊的吃法。把完熟番茄放在麵包上壓成泥抹勻，接著淋上橄欖油就完成，作法很簡單。

我們在每天經過的大菜市場裡的小酒館點了之後，等好久都沒影子。定神一看，看來是我們點的那份麵包還好端端地在鐵板上，毫無動靜。經過催促，店家才匆匆忙忙做好一份番茄麵包，結果好吃得不得了。我牢牢記下來，麵包要直接用火烤到焦脆。

感覺番茄只是一種調味料，盡情使用。建議使用口味紮實的麵包，塗上大量番茄泥搭配起來也毫不遜色。

公文美和

奶油花生醬＋楓糖漿

吐司切成兩公分左右的厚片，盡情淋上楓糖漿，以及塗抹無糖奶油花生醬。

至於吐司要不要先烤過，則視當時的心情而定。如果是剛出爐、熱呼呼的麵包，就不必烤了。

這是只限剛出爐麵包的特別版本。

平常吐司我只烤單面，在烤過的那一面塗上滿滿的奶油花生醬，連麵包邊都要塗到。麵包邊的口感並沒有那麼軟嫩，但這麼一來吃起來會變得更順口。早上我會固定沖杯濃濃的咖啡或紅茶搭配。

這款奶油花生醬不甜，我會搭著帶甜味的蜂蜜或楓糖漿之類一起吃。

沾著紅蘿蔔濃湯一起吃

我覺得熱湯跟麵包簡直是絕配。紅蘿蔔濃湯是料理研究家上野萬梨子的食譜，算一算我已經持續做了3、4年。

每次做大量，無論早、晚，只要想吃時就能熱來吃。

水、雞骨、紅蘿蔔、洋蔥、香味蔬菜、香料等，加熱2到3小時，慢慢熬出高湯。

加入紅蘿蔔、洋蔥、鮮奶、白米燉煮，最後用果汁機打成濃稠狀即完成。調味就用鹽跟胡椒，裝盤後添加少許奶油。

用鄉村麵包滿滿沾著湯來吃，就能感覺身體裡充滿了濃湯與麵包的溫潤美味。

加點香料似乎也很搭，打算下次做的時候再來嘗試。

高橋良枝

鋪上日本蜂的蜂蜜和奶油

我最喜歡的吃法就是在厚片吐司上覆蓋奶油，還有蜂蜜。不是用塗抹的，要鋪上厚厚一層。

蜂蜜根據花的種類，味道跟香氣差異很大，我喜歡味道比較特別的蜂蜜。

有一次住在安曇野的小夜子女士送了我蜂蜜，是她先生採集到的日本蜂的蜂蜜。

「日本蜂會收集各式各樣的花蜜，味道濃醇，我覺得有種懷舊風味。」

的確，口味跟香氣都很濃郁，顏色也很深，接近褐色。跟洋槐花蜜雖然同樣都是蜂蜜，吃起來卻像不同的東西。比起一般蜂蜜的黏稠，日本蜂的蜂蜜更像是完全凝固，口感紮實，跟我過去嚐過的蜂蜜大不相同。

從此之後，我就愛上在吐司上鋪一層厚厚的日本蜂蜂蜜。

藍紋乳酪搭配蜂蜜

又是蜂蜜！戈根索拉乳酪或是洛克福乾酪這類味道比較重的藍紋乳酪，跟蜂蜜搭配的組合我也很喜歡。

我雖然酒量很差，喜歡吃的卻多半是搭葡萄酒的料理，或是配日本酒的下酒菜，因此像鄉村麵包這類紮實的麵包，我就喜歡這種吃法。

麵包表面稍微烤一下，鋪上乳酪，再淋上蜂蜜。乳酪搭配洋槐花蜜這類口味清爽的蜂蜜比較適合。

如果家裡有百里香之類的香草，也可以放上去。通常搭配餐後吃的乳酪，會再把麵包切得更小塊，不過一個人吃就會刻意直接切圓片。大口咬下鋪著滿滿乳酪的大片麵包，頓時感到一點點奢華的幸福。

坂田阿希子

軟嫩炒蛋三明治是青春的滋味

一買到剛出爐的鬆軟吐司，就好想做這道三明治。這道炒蛋三明治是新潟一家咖啡廳賣的，打從我念高中時就愛上，百吃不厭。

第一次吃到時覺得實在太好吃，非常激動，忍不住又追加一份。從此之後，我每次回鄉必定光顧那家咖啡廳，點一份炒蛋三明治。

這道軟嫩的炒蛋三明治，好吃的關鍵就在於使用剛出爐還有餘溫的鬆軟吐司。

無論當早餐、點心、宵夜都很棒。而且無論做給誰吃，保證大受歡迎，令人讚不絕口。訣竅就是使用剛出爐的鬆軟麵包，而且要現做現吃。

野菇抹醬法式三明治

我家冰箱隨時都有野菇抹醬。這款抹醬用來拌義大利麵也好吃，但我最喜歡的還是把鄉村麵包烤得香脆，再把抹醬跟酸奶油像魚子醬一樣鋪上去。

野菇的香氣跟鄉村麵包的酸味完美搭配，讓人吃了還想再吃。一口麵包，一口葡萄酒，再一口麵包，一口葡萄酒……停不下來！

這道野菇抹醬可以做起來放著，推薦各位一定要試試。

作法是將生香菇、蘑菇、鯷魚、大蒜全部切碎。用橄欖油將蒜末、鯷魚末炒香，再加入菇類炒到出水，用鹽、胡椒調味。跟酸奶油搭起來也很對味。

讓麵包更好吃

坂田阿希子不但會做菜，也很喜歡吃。我們請她來示範，怎麼樣讓麵包變得更好吃，還有烤好後隔一段時間的麵包，有什麼美味的吃法。

料理—坂田阿希子　攝影—廣瀨貴子
造型—久保百合子　翻譯—葉韋利

剛出爐的麵包最好吃！

「剛出爐的麵包買回家，馬上吃，我覺得這樣最好吃。」

不過，也有吃不完的時候吧。遇到這種狀況，小訣竅就是立刻丟進冷凍庫。

「即使想著明天就吃掉，還是可能忘記，所以我只要當天沒吃完，就馬上裝入冷凍用的保鮮袋，放進冷凍庫。我覺得這樣對麵包才有禮貌。」

像吐司、鄉村麵包，這類比較大的麵包，會先依照喜歡的厚度切片，然後在每一片之間夾入保鮮膜後裝入冷凍用保鮮袋，再放進冷凍庫。

從冷凍庫拿出來後，直接用烤麵包機烤，就能做出裡頭熱呼呼又鬆軟的烤吐司。

至於表面質地較硬的棍子麵包或鄉村麵包，要在表面噴點水之後用烤箱或烤麵包機，就能烤出表面酥脆，內層有彈性的好口感。將剛出爐的麵包冷凍起來，似乎是長保美味的關鍵所在。

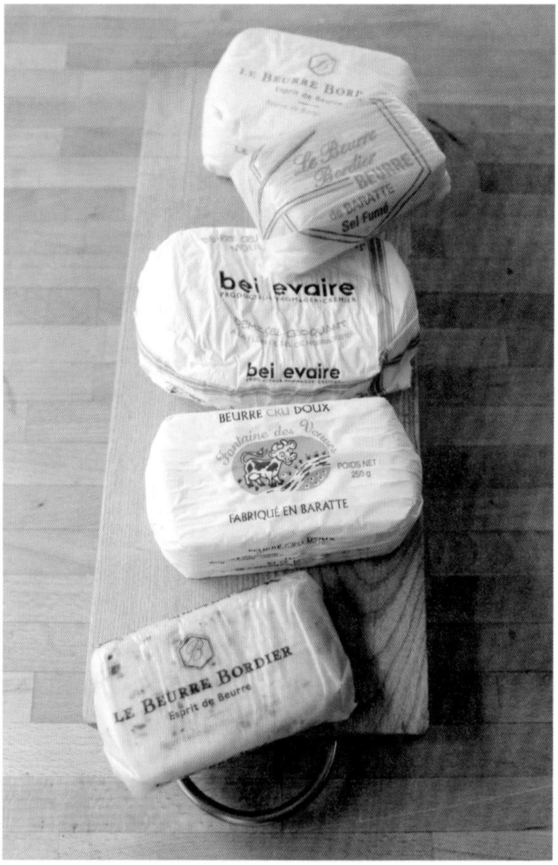

奶油跟果醬
讓麵包更好吃

「我好喜歡奶油！只要去巴黎，回程的行李箱裡大概有一半都是買回來的奶油。」

坂田阿希子讓我們看她的冰箱，裡頭塞滿了各式各樣法國的奶油。上方的照片只是其中一部分，但看得出來每種在鹽分、香味、口感上都有些微差異。

最喜歡的是包裝上在綠色牧場中有隻牛的「Fontaina des Veuves」。另外，「Bordier」則有像是加入海藻等的各類不同風味。

「我覺得麵包跟奶油有著無法切割的關係。好吃的麵包搭配奶油，如果再來杯葡萄酒，那就令人心滿意足。」

另一個麵包好朋友則是果醬。照片裡的果醬是法國買回來的，當然坂田阿希子也會自己用些時令水果來製成果醬保存起來。

藍莓、草莓、杏桃這些香氣跟口味相對濃郁，色澤又漂亮的水果都很適合做成果醬。吃著鋪上厚厚果醬的麵包，令人感到幸福。

火腿乳酪法式吐司

法式吐司，是讓硬麵包也好吃的經典作法。我喜歡做成三明治再煎。表面酥脆，跟裡頭熱呼呼、半融化的乳酪均衡搭配，美味極了。

■材料（2人份）吐司麵包…4片　火腿…2片　葛瑞爾乳酪（Gruyere cheese）…60g　蛋…1顆　鮮奶…200cc　鹽…⅓小匙　胡椒…少許　肉豆蔻粉…少許　奶油…適量

把火腿跟葛瑞爾乳酪鋪在吐司麵包上，再用另一片夾起來。

蛋均勻打散後加鮮奶、鹽、胡椒、肉豆蔻粉攪拌。將麵包放進蛋液裡，讓兩面充分吸滿蛋液。

奶油放進平底鍋加熱，再放進麵包兩面煎。過程中把火調弱一點，讓裡面的乳酪慢慢融化。

裝盤後撒點肉豆蔻粉及紅椒粉。

果醬法式吐司

果醬用任何口味都可以，不過推薦草莓、杏桃、柑橘類等這些酸味比較強的種類。用杏桃果醬的話，可以在蛋液裡滴幾滴杏仁甜酒（Amaretto），橘子果醬則可滴點干邑橙酒（Grand Marnier），增添芳香，是大人喜愛的成熟口味。

■材料（2人份）吐司麵包…4片　覆盆子果醬…4大匙　蛋…2顆　砂糖…40g　鮮奶…200cc　香草精（依個人喜好）…少許　奶油…20g　糖粉…適量

把覆盆子果醬塗抹在一片吐司麵包上，再用另一片夾起來。

蛋均勻打散後加入砂糖，再倒入鮮奶充分攪拌，讓麵包兩面都充分吸滿蛋液。

奶油放進平底鍋加熱，將麵包煎到兩面呈金黃。切半後裝盤，最後撒上糖粉。

麵包大蒜濃湯

如果有已經變硬的麵包，做成這道湯就會變得好吃。口味清爽卻很有飽足感，可以充當小份量的主食。鄉村麵包的美味與濃湯合而為一，讓味道變得更加複雜多層次。

■材料（2～3人份）大蒜：4瓣　橄欖油：4大匙　鄉村麵包：切成1cm厚2片　生火腿：50g　蔬菜高湯（沒有的話就用水＋高湯塊）：3杯　紅椒粉：1小匙　鹽：½小匙　胡椒：少許　蛋：1顆

大蒜切成薄片，生火腿撕成小塊。麵包切成2cm的小丁。

鍋子裡倒入橄欖油加熱，炒香蒜片。加入生火腿與麵包丁拌炒，再撒入紅椒粉。倒入高湯後，用鹽、胡椒調味。淋入打散的蛋汁，凝固之後攪拌一下。

洋蔥焗烤法式吐司

鄉村麵包吸飽湯汁精華，好吃得沒話說。

■材料（2～3人份）洋蔥…2顆　奶油…40g　牛高湯…3杯　紅酒…2大匙　葛瑞爾乳酪…60g　鄉村麵包…適量　鹽…1小匙　黑胡椒…少許

洋蔥沿著纖維切成薄片。鄉村麵包切成2cm的小丁。

洋蔥用奶油慢慢炒香。要是出現些微焦塊，就加少量水剷起來，繼續炒出焦糖色。

加入紅酒燉一會兒，再加入高湯用小火煮約20分鐘。用鹽、黑胡椒調味。

加入麵包丁，湯汁滲入後放進焗烤盤裡。撒上削細的葛瑞爾乳酪，用190℃的烤箱焗烤。

桃居・廣瀨一郎 此刻的關注㉖

探訪 田村文宏的工作室

田村文宏依對成品的想像來選擇以瓦斯窯或柴窯燒製。他的作品多為有著適當的厚度、寬大的器皿，總是能與餐桌及料理相互搭配，越用越有味道。

文—廣瀨一郎　攝影—日置武晴　翻譯—王淑儀

廣瀨先生與田村文宏、妻子朋美及長男小湊一同談笑。

望著田村文宏的作品，讓我不禁去思考對於創作陶瓷器的作家而言，「原創性」究竟是什麼。

在田村的器皿上頭完全沒有什麼引人注意的設計、色彩、形態、質感可言，他的作品是以採用天然灰燼做為原料的簡單灰釉、上了白化妝土的坯體施以灰釉的粉引、含有鐵質，燒成後發出深褐色的飴釉、帶有些許雜味的白瓷等四大支柱所構成，這些都不是什麼特別的技法，他的器皿沒有什麼特別怪異的造形，碗是碗、缽是缽、盤子是盤子，全都是以自然的線條所構成，若說「想要做出什麼」的心是原創性的第一步的話，那麼這樣的作品便是「沒想要做出什麼」的器皿。

工作室旁邊即有名古屋鐵路的軌道經過。

田村文宏

Fumibiro Tamura

1978年出生於愛知縣岡崎市。大學時代曾努力朝職棒之路前進，因受傷而只得放棄。後來對於在旅遊中接觸到的陶瓷器感到興趣，於是進到瀨戶窯業高等學校學習，邊師事於中島勝乃利邊在海外指導作陶。現在每天在自家住宅旁的工作室及稍微有點距離的柴窯兩處來回，過著作陶的日子。

個展剛結束，層架上僅剩下少數的作品。

轆轤前的牆上掛著各種道具。

刻著植物、鳥類文樣的印花模型。

灰釉粉引的缽、飯碗、蕎麥豬口杯等等。

做給外甥的長頸鹿。「每次要用陶土做什麼東西時，都讓我有一種很純粹的快樂、興奮感。」

若說田村有什麼追求目標的話，我想那並不是表現個性的「原創性」，而是在陶瓷器這條大河之中，汲取一瓢可滋潤乾喉、浸入細胞之中的甘露。他一直凝視的是寄宿於不知是誰人之作、不知曾被誰使用、就這樣消失的無數雜器之中的美與建全。

田村手中誕生的器皿每一個都感受不到所謂的強烈原創性，然而在陶瓷器數百年、數千年的時間之流裡，他找到心動、嚮往而想去追求的，並深深地刻印在身上。那並不是「表現個性」的原創性，而是無可取代、與陶瓷器相遇的體驗，誠實地反饋在他的器皿之上。

田村與陶瓷器命運地相遇是在參加窯業指導計畫而訪問柬埔寨那時開始。

泰國、越南、柬埔寨一帶受到中國陶瓷器的影響，留下許多具有獨特風格的古陶瓷器，現今仍持續被挖掘出來。這些古陶瓷器不像中國官窯生產的陶瓷器

周邊有好幾座柴薪堆出的小山，朋美小姐爺爺種的絲瓜花圍繞其左右。

田村的作品是使用柴窯後山挖來的紅土，並混合產自瀨戶的土。已被挖出直徑約一公尺的大洞。

從工作室開車約五分鐘的路程，就可看見柴窯。前方是朋美小姐爺爺的稻田，種稻與收成也是田村的工作。

廣瀨先生熱切地詢問關於柴窯構造的事。田村先生說也參考過其他窯的造法，但最後還是調整成幾乎是原創的形狀。

有著精準的左右對稱、精細圖樣，他們雖憧憬中國，卻也做出悠然寬宏的作品，多讓人感受到東南亞特有的風土文化。東南亞陶瓷器這種健壯、寬容的豐饒特質便成為他作品的部分核心。

去東埔寨之前，他完全沒料到會走上今天這條路。高中、大學時十分投入於棒球，然而在大二時嚴重受傷，只好放棄棒球之夢。他帶著滿腹的挫折感成為背包客於亞洲各地旅行，因緣際會下於陶藝教室接觸到陶瓷器，便一頭栽入。

在這樣的日子之中，他在學校附近的猿投山的窯跡中撿到幾片陶片。猿投山橫跨了愛知縣瀨戶市與豐田市，那一代常有奈良時期到平安時期所燒製的、日本最早的施釉陶器的破片出土，可以感覺到那就是現今日本陶瓷器的原型。那些作品就是在這樣的風土所產的陶土上，淋上以這樣的風土所製作的釉藥，在這樣的風土下生長的木柴燒成了極為樸素的陶瓷器，是連所謂的原創性一詞都還沒誕生的時代裡，在工匠手中自然誕生出來的陶瓷器。田村對於陶瓷器的心與這些陶片產生共鳴，說不定這也是支持著他工作的根基之一。

兩人坐在可以望見種田的奇異果棚架下。不時吹拂而來的南風，使得鮮綠的稻穗隨風搖曳。

我對田村提問：「你想做的是怎樣的陶瓷器？」他答道：「我希望可以用理所當然的土、理所當然的形狀、燒製方法，做出讓人感動的東西。」

他的答案是如此簡潔，但他所追求的卻絕不容易達到。所謂理所當然的土並不是陶土廠商所提供的，好用、無雜質的土，而是活生生的土，有時甚至還得要靠自己去挖。所謂理所當然的形狀是不媚俗、不追求市場喜好的形狀，不論以眼睛觀賞、以手觸摸都能感到舒服，追求的是沒有一絲不合理與浪費的造形。所謂理所當然的燒製方法則是依著他希望最後得到的質感來逆推，當然以柴窯燒製也是選項之一。

踏踏實實且持續不斷地以簡單的方法做出簡單的東西，其實一點也不簡單。然而如果能夠不放棄、堅持下去，自然而然地就會產生了一種稱為氣質的東西。我想田村所追求的，便是這種具備了將製作者的心誠實地傳達出去、有氣質的器皿。

田村的器皿將加入那日常之中被徹底使用後又消失的無數亞洲、日本的器皿之流裡，成為這條大河的一滴。

在日復一日之中，透過使用而育成的陶器

這是三年前蓋好柴窯時第一次出爐的作品。在田村的爺爺手上常常使用，因而養出了現在的模樣。使用的坯土是伊賀的朋友送的原土，原本是充滿雜質的土，在經過柴燒之後，變得很有味道。陶瓷器從窯之中誕生之時，只完成了一半，另外的一半得靠使用者的手來幫它完成。田村說他想做的就是這種值得培養的器皿。

灰釉粉引湯呑
■直徑8.5×高7cm
非賣品

這是以柴燒製成的飴釉皿。使用的土是在瀨戶找到的白土。由於釉藥溶解上色得不是很平均，使得顏色有了深度，呈現出一種深層的質感。展現出民藝之美中，柳宗悅所說的「無事之美」、「日常之美」。這個器皿若能在日復一日當中不斷被使用，使得這樣的美不斷增生，田村的願望就算是實現了吧。

飴釉七吋淺缽
■直徑21.5×高4.5cm

桃居
東京都港區西麻布2-25-13
☎+81-3-3797-4494
週日、週一、例假日公休
http://www.toukyo.com/
廣瀨一郎以個人審美觀選出當代創作者的作品，寬敞的店內空間讓展示品更顯出眾。

熊本的日日料理

儘管細川亞衣的家，
位於熊本市的市區，
卻被茂密的森林包圍著。
柿子樹、梅樹、金木犀、石榴樹和竹林，
春夏秋冬、開花結果，
絡繹不絕。
從這樣的環境裡發想出來的料理，
這期以「地瓜湯」，
作為熊本料理的成果。

料理·擺盤—細川亞衣
攝影—日置武晴　翻譯—FRANCES

晚秋，四處都是柿子樹的我家院子，免不了一大堆落葉。掃了又掃還是不斷堆積許多落葉。

每天不停地燒起火，烤著又胖又大的地瓜。

就算烤得熱呼呼的烤地瓜是那麼美味，畢竟也吃不了那麼多。

當烤地瓜成為每天日常飯後點心的某一天，我猛然想到可以做烤地瓜料理。

烤地瓜飯、烤地瓜泥，還有烤地瓜湯！

直接蒸的地瓜所不會有的甜味與香氣，我已經完全沈迷在其中了。

■材料（4人份）

地瓜	中1個
奶油	10g＋10g
牛奶	約300g
粗鹽	適量
肉豆蔻	適量
康提乳酪（熟成的）	適量

■作法

用溼報紙將地瓜包起來之後，用鋁箔紙捲好，焚火慢慢烤。

等到地瓜中心都變軟了，從火裡取出，稍微放涼。

把地瓜皮剝掉後（不要把地瓜肉烤出顏色的部分剝掉太多），切成圓片狀。

用小火熱鍋，放入一半的奶油與烤地瓜後，撒上粗鹽，蓋上蓋子慢慢邊蒸邊翻炒。為了不要讓地瓜燒焦，要不時翻炒。

等到鍋底好像要冒煙時，加入一半的牛奶，加鹽後煮開。

用攪拌機攪拌出黏稠狀態後，加入剩下的牛奶使其變得滑潤，邊煮邊充分攪拌。

開始冒泡泡滾開後，加入剩下的奶油拌勻，調整鹹味後，關火。

磨一點肉豆蔻，再削一些康提乳酪屑即可。

烤地瓜湯

公文美和的攝影日記⓴

美味日日

有點鹹的 espresso

THE 赤福

做番茄醬

沖繩產的百香果

悄悄地盛開

肚子再撐也吃得下

吃肉

烤焦麵包

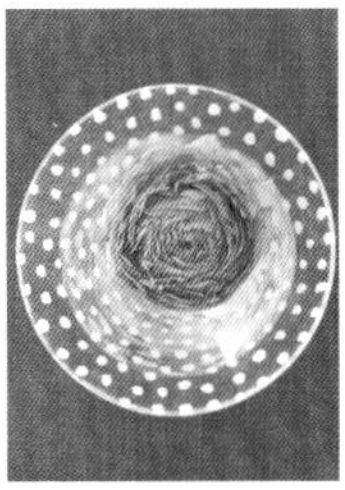
偶爾來朵花

雀躍不已的午餐

造型師的區域

saorisweets

咖哩

加上巧克力的
年輪蛋糕

看起來很豪華的
金鍔燒

高原的花

各種沙拉米

巴黎的 merci

阿希子的桌子

可頌最棒了

金團

鰻魚飯

好喜歡甜菜

大量的蘭姆酒

令人讚嘆的慰勞

穀片風潮

想要睡午覺

很棒的店內

早晨的窗

開運堂的刨冰

電車早餐

宛如迷你城

飛機雲

還想再見面

拍攝的午餐

夏天的花

蘑菇

早上的柳橙汁

還想再遇到

不變的事

夏天的蔬菜

鬆餅的套餐

用香檳乾杯

香草的女王

微辣的蕪菁

夏天必備蘇打口味

鷹嘴豆泥

湖邊

美麗的便當

雷鳥

可愛的牛奶糖

迷你漢堡

海邊的印象

我喜歡的顏色

魚湯

弘前

午餐的咖哩

用台灣食材做美味料理❺

海倫的獨創麵包

小麥貝果

施穎瑩（Helen）老師

嘗遍各地美食、結交各地小農、見識各種食材，善於利用台灣的食材，在烘焙時，創作出很多有趣的口味。

■材料（10個）

水——270克
糖——30克
黑糖——2湯匙
酵母粉——1茶匙
高筋麵粉——400克
全麥粉——100克
自家葡萄酸種——100克
鹽——10克

■作法

①將270克水、糖和酵母粉放入鍋中，把水加溫到攝氏37度。
②加入高筋麵粉、小麥粉、鹽和葡萄酸種，揉好麵團之後，放入撒上麵粉的碗中，發酵至2倍大，大約1～1.5小時。
③將麵團切割成10等份，桿成長條形圍成圈狀，交接處黏轉翻折，修飾接折處。
④靜置15分鐘。
⑤準備一小鍋，放入一半的水和兩湯匙黑糖煮滾，將發酵好的麵團放入，兩面各燙約20秒，夾出置於網架上待水份蒸發。
⑥烤箱預熱至攝氏200度，貝果放入烤箱烤18分鐘左右，或直到表面呈金黃色，取出冷卻後，即可搭配自己喜歡的抹醬享用。

辮子麵包

辮子麵包（Challah）是猶太人節慶裡必吃食物，意思是感謝上帝的祝福！
盛夏季節，可以用濃稠南瓜泥取代蛋黃，增添瓜果香甜，為辮子染上金黃色澤，表面撒滿花東原生種紅藜，就能創造出獨特口味的辮子麵包。

■材料（2人份）

中筋麵粉——360克
鹽——5克
糖——43克
酵母粉——4克
自家酵母——54克
水——101克
雞蛋——2顆
奶油——47克

■作法

①把中筋麵粉、鹽和糖混合攪拌，再加入酵母粉拌勻備用。
②把自家發酵酵母、水和雞蛋和勻後，混入步驟預備①的乾料，開始輕輕手揉。
③加入室溫回軟的切小塊奶油，揉成團直至不黏手。
④進行第一次發酵，約1.5小時。
⑤發酵完成的麵團分成兩等份，每一份分割成六大六小的麵團，滾圓後繼續發酵20分鐘。
⑥把每個麵團都內折⅓，然後從中間往外搓成同等長度。
⑦大的三條編成辮子，小的三條也編成辮子。
⑧把大小辮子都抹上蛋白液，把小辮子疊在大辮子上方，最後撒上種籽（材料外），如罌粟籽、黑芝麻、紅藜等均可，發酵20～40分鐘。
⑨烤箱預熱200度，烤12分鐘，然後降至180度再烤至表面金黃即可。

 食譜提供、照片—小器生活料理教室

34號的生活隨筆⑱

融合的生活感

圖・文—34號

偶然在雜誌上看到一支日本製除塵紙拖把，手把是深咖啡色天然木，底部固定除塵紙的部分也是深咖啡色天然木搭配更深色的橡膠，當下我就決定要擁有它，這正是我夢寐以求的設計啊！因為家裡的空間是木質調為主，而市面上不管是國產品牌或是進口品牌的除塵紙拖把，甚至是每樣清潔用具，絕對是濃濃的塑膠感帶著鮮豔的顏色，不使用時只想藏到櫃子裡；因為塑膠太廉價感、而鮮豔的顏色太突兀難以融入我想維持單純的居家空間。

實在不得不佩服日本人在消除生活感這件事做的努力，維持著美感與堅持，盡可能將生活用品的外型顏色做到融合於環境而不突出。生活是瑣碎的無可避免有許多用品，當不可能通通藏起來時，一個能替空間增加美感加分的設計，或是至少存在感減到最低的設計，一直是我追求的。當賣場上只有紅、藍、綠塑膠製的碗盤瀝水架時，就能理解倉敷意匠純白瀝水架有多珍貴！最近我還發現一款深咖啡色的，比起純白或不銹鋼毫不遜色。似乎家用清潔工具、料理工具，不管哪個國家的品牌，幾乎皆以花俏造型亮色系居多，總在尋覓許久後發現只有日本人願意設計線條造型簡單，且是白、黑、深棕、以及卡其這幾個顏色，我不是個黯淡的人啊（笑），只是單純的不要家裡看起來五顏六色眼花繚亂，想要的是一種融合的生活感。

不喜歡看到電器的電線雜亂顯露出來，所以一定捆好藏在家具或是電器後面，買電器以及延長線同時也考慮電線的顏色：淺色或白色地板選白色的電線，深色地板則選黑色，無法捲起的一定好好沿牆固定，或是以小地毯蓋住。延長線或多頭插座也要和家裡的色系配合，家具背面使用扁型插座，如此家具才不會不能對齊。菜市場的手工棉紗抹布純白色連彩色縫邊都沒有，比起大品牌的紅、藍、綠色除油抹布，更好看且好用，是我的最愛。無印良品與亀の子束子的洗碗海綿都是米白色也都非常耐用好洗，是我的第一選擇，台灣品牌KEYTOSS也令人讚賞的出了一系列米白、淺棕、黑色的洗碗海綿，耐用度差了些但仍是不錯的選擇。社區不需使用台北市專用垃圾袋，所以可以選擇純白的減碳環保垃圾袋，好看也減少環境傷害。這些小小挑剔與堅持，好用耐用絕對是第一考量，更不想在美感堅持及空間與生活感的融合上有所妥協。

studio m′ 品牌專門店

小器赤峰28
台北市赤峰街28之3號
02-2555-6969

Macaroni cafe & bakery
台北市羅斯福路三段283巷7弄12號
02-2367-0057

小器生活道具 台中店
台中市大容東街17號
04-2328-8538

©studio m

日々・日文版 no.28

編輯・發行人——高橋良枝
設計——渡部浩美
發行所——株式會社Atelier Vie
http：//www.iihibi.com/
E-mail：info@iihibi.com
發行日——no.28：2012年10月1日
插畫——田所真理子

日日・中文版 no.23

主編——王筱玲
大藝出版主編——賴譽夫
設計・排版——黃淑華
發行人——江明玉
發行所——大鴻藝術股份有限公司｜大藝出版事業部
台北市103大同區鄭州路87號11樓之2
電話：(02) 2559-0510　傳真：(02) 2559-0508
E-mail：service@abigart.com
總經銷：高寶書版集團
台北市114內湖區洲子街88號3F
電話：(02) 2799-2788　傳真：(02) 2799-0909
印刷：韋懋實業有限公司

發行日——2016年4月初版一刷
ISBN 978-986-92325-4-8

日日／日日編輯部編著. -- 初版. -- 臺北市：
大鴻藝術, 2016.4　52面；19×26公分
ISBN 978-986-92325-4-8（第23冊：平裝）
1.商品 2.臺灣 3.日本
496.1　　105001149

日文版後記

自《日々》創刊至今已經度過八年的歲月，八年前誕生的小寶寶，現在已經是小學二年級了。

一想到這，我就感慨萬千。當然年歲也跟著增長了。從27期開始出刊間隔稍微長了一點，但總算做出28期。不好意思的是，這一期開始頁數增加了，因此價格也稍微提高了。

我們把主題擴大，這期的主角是「cimai」的麵包。我們第一次造訪這家位於埼玉縣幸手市的店，是在櫻花開始謝了，而油菜花正盛開的季節。在一排櫻花樹的堤防下方，有著一大片油菜花景色，是很受歡迎的河邊，那裏距離「cimai」開車約十分鐘。在天然酵母的麵包烘烤出爐的三點前，我們在那個堤防上吃著帶去的飯糰。雖然微寒的風從河上吹來，但我們度過了非常愉快的時光，再次前往「cimai」。抱著出爐的天然酵母麵包與人工酵母麵包，順道去了川越的「器皿筆記」藝廊。貪心又愉快的一個春日時光。

會想到要用喜歡的麵包吃法來介紹「cimai」的麵包，是因為想要展現出麵包的美味，那就用各種的吃法來介紹吧？吃麵包的方法竟然有如此多的變化，也讓許多麵包的夥伴一起登場了。（高橋）

中文版後記

中文版《日々》no1是在2012年8月上市，至今快滿四年了，差不多是日文版《日々》的一半年紀，若是以小孩子的年紀來看，應該是最可愛的時候吧？雖然日日是每兩個月（雙月）出版一次，但在台灣的書店分類裡，《日々》是書籍，不會有雜誌過期下架的問題，一直都找得到這四年來的某一期《日々》，可以詢問店員或請書店訂購喔！

有時候會猜想，不知道有多少讀者是從第一期到現在，每到雙月就期待看到新的一期《日々》？雖然《日々》無法變成暢銷書，但當初發刊時「我們期待《日々》成為一本幫助讀者在尋常生活中找到幸福感的刊物。從每天吃的飯菜、器皿雜貨、食材，還有很溫暖的手工藝品開始」的初衷，一直沒有改變。歡迎大家到《日々》的臉書與我們分享閱讀《日々》的感想與心情。（王筱玲）

大藝出版Facebook粉絲頁http：//www.facebook.com/abigartpress
日日Facebook粉絲頁 https：//www.facebook.com/hibi2012